# Abriß
der
# Geologie von Bayern r. d. Rh.
## in sechs Abteilungen.

**Abteilung I:**

## Geologischer Überblick über die Alpen zwischen Tegernsee und Gmunden am Traunsee und das bayerisch-österreichische Tertiärhügelland.


Bearbeitet von

**Joseph Knauer,**

mit Beiträgen von

**Heinrich Laubmann, Franz Münichsdorfer** und **Ludwig Simon.**


Zugleich Erläuterungen zu Blatt I der Geologischen Übersichtskarte von Bayern r. d. Rh. 1 : 250 000, herausgegeben von der Gesellschaft für Bayerische Landeskunde mit Unterstützung der Geologischen Landesuntersuchung von Bayern, bearbeitet von Dr. Matth. Schuster.


München 1925.

Verlag von R. Oldenbourg und Piloty & Loehle.

www.ingramcontent.com/pod-product-compliance
Lightning Source LLC
LaVergne TN
LVHW060001031026
849161LV00022B/2783